Lengamo Lenteta
Mathewos Simon

Trabalho de contração

**Lengamo Lenteta
Mathewos Simon**

Trabalho de contração

Triturador manual de solos argilosos

ScienciaScripts

Imprint

Any brand names and product names mentioned in this book are subject to trademark, brand or patent protection and are trademarks or registered trademarks of their respective holders. The use of brand names, product names, common names, trade names, product descriptions etc. even without a particular marking in this work is in no way to be construed to mean that such names may be regarded as unrestricted in respect of trademark and brand protection legislation and could thus be used by anyone.

Cover image: www.ingimage.com

This book is a translation from the original published under ISBN 978-620-7-48675-5.

Publisher:
Sciencia Scripts
is a trademark of
Dodo Books Indian Ocean Ltd. and OmniScriptum S.R.L publishing group

120 High Road, East Finchley, London, N2 9ED, United Kingdom
Str. Armeneasca 28/1, office 1, Chisinau MD-2012, Republic of Moldova, Europe
Printed at: see last page
ISBN: 978-620-7-73617-1

AGRADECIMENTOS

Acima de tudo, gostaríamos de agradecer a Deus Todo-Poderoso pela sua dádiva sem reservas. Gostaríamos de agradecer aos membros do pessoal do Instituto Politécnico de Hawassa pelo seu empenho em facilitar e preparar esta oportunidade. Gostaríamos também de agradecer às empresas e aos operadores de olaria da cidade de Leku, na região de Sidama.

RESUMO

Uma trituradora manual de solos argilosos é uma máquina concebida para reduzir solos de grandes dimensões em solos mais pequenos, solos argilosos ou pó de solo. As trituradoras podem ser utilizadas para reduzir o tamanho ou alterar a forma dos resíduos, de modo a que possam ser mais facilmente eliminados ou reciclados, ou para reduzir o tamanho de uma mistura sólida de matérias-primas (como no caso do minério de solo), de modo a que as peças de composição diferente possam ser diferenciadas. A trituração manual é o processo de transferência de uma força amplificada pela vantagem manual através de um material feito de moléculas que se unem mais fortemente e resistem mais à deformação do que as do material que está a ser triturado. Os dispositivos de trituração prendem o material entre duas superfícies sólidas paralelas ou tangentes e aplicam uma força suficiente para aproximar as superfícies e gerar energia suficiente no material a triturar, de modo a que as suas moléculas se separem (fracturação) ou mudem de alinhamento em relação umas às outras (deformação).

ÍNDICE

CAPÍTULO UM
1. INTRODUÇÃO E ANTECEDENTES

1.1. Introdução

A trituração da argila pode ser efectuada de duas formas: manual ou mecânica com moinhos de rolos, trituradores de panela, desintegradores, moinhos de martelos, trituradores de maxilas, etc. A maioria dos métodos funciona bem mesmo quando a argila ainda contém alguma humidade, com exceção do moinho de martelos, que necessita de argila seca. A trituração manual da argila com a ajuda de pilões e martelos de madeira pesados pode ser efectuada, mas é um método fastidioso, demorado e poeirento. Em todos os casos, a argila triturada terá de ser peneirada para remover as partículas maiores (Gosselain, P., 1994).

A trituração com duas pedras ainda é utilizada em muitos sítios para preparar o barro para a mistura. Não é uma forma muito boa de o fazer e se for possível encontrar outros métodos, então é melhor. Este método é bom para produzir pequenas quantidades de barro, uma vez que não é necessária uma peneira, pois as pequenas pedras podem ser removidas à mão. No entanto, este método é muito lento e trabalhoso e o pó produzido é muito perigoso para o trabalhador. A utilização de um peso para esmagar o barro numa superfície manual é mais rápida e o perigo do pó é reduzido (Gosselain & Smith, 2014).

A adição de materiais ao barro, geralmente designada por trituração ou têmpera, é bem conhecida dos arqueólogos. É necessário sublinhar que muitos oleiros não adicionam nada ao barro (barro não temperado) ou adicionam uma parte seca e moída da mesma matéria-prima (uma técnica que escolhemos designar por adição simples de barro) (Sall, 2001).

1.2. Antecedentes

A argila não é difícil de encontrar porque é um sedimento abundante em todo o lado e porque os oleiros se adaptam, na prática, a uma vasta gama de materiais argilosos para fabricar os seus produtos de cerâmica. Isto não significa que a argila seja extraída em qualquer lugar ou de qualquer forma. Kisi e Pare têm vindo a extrair argila ao longo das margens dos rios, zonas de remanso, planícies aluviais ou encostas. Acreditam que estes ambientes têm mais probabilidades de conter bom barro do que outros. Um bom barro de oleiro deve possuir as propriedades físicas necessárias, incluindo plasticidade, textura e cor, de acordo com as preferências pessoais do oleiro(Mteti, 2016).

O barro para vasos é frequentemente descoberto por mero acaso através de actividades como a agricultura ou a escavação de poços, latrinas de fossa, alicerces de casas e muitas outras actividades semelhantes. Assim, a descoberta de uma boa argila para vasos é neutra em termos de género e idade. Requer apenas que a pessoa esteja ciente da qualidade da argila para vasos. Mesmo quando o descobridor não está tão familiarizado com as melhores qualidades, pode informar um perito para verificação ou, se for um oleiro, pode testar a sua funcionalidade fazendo alguns vasos experimentais (Mwajuma Hussein Mathewa, 2011).

1.3. Descrição do problema

A trituração do solo argiloso utilizado neste trabalho foi trazida pelos trabalhadores das olarias. Os solos argilosos deitados fora afectam as comunidades dos trabalhadores das olarias. Os solos argilosos são esmagados com um pilão de madeira, desperdiçando a sua energia e tempo, não sendo possível esmagar uma grande quantidade de argila e as crianças e adultos esmagam o solo argiloso sem a sua capacidade através da madeira. A substituição do pilão de madeira por um triturador de madeira permite obter benefícios potenciais e económicos para as olarias.

1.4. Objetivo

1.4.1. Objetivo geral

O objetivo geral do projeto é a conceção, o fabrico e a preparação para a trituração manual de solos argilosos para o trabalhador da olaria.

1.4.2. Objetivo específico

Os objectivos **específicos** do estudo são os seguintes

- Conceber e desenvolver um triturador de solos argilosos de fácil utilização

- Reduzir o tempo e o desperdício de energia durante a trituração do solo argiloso com pilão de madeira

- Implementar uma tecnologia de trituração de solos argilosos

1.5. Âmbito do estudo

Este projeto centrou-se na preparação da conceção da tecnologia identificada, no desenvolvimento de protótipos e na transferência da tecnologia desenvolvida para colmatar as lacunas tecnológicas das empresas e na avaliação da riqueza tecnológica criada para o fabrico de cerâmica nas empresas de cerâmica da cidade de Leku.

1.6. Limitações do estudo

⇔ Falta de recursos (tempo, insumos....),

⇔ Falta de dados necessários,

⇔ Falta de ligação suficiente à Internet.

⇔ Falta de peritos e intelectuais adequados na profissão.

1.7. Importância do estudo

Este estudo poderá trazer vantagens potenciais para as seguintes partes interessadas no que respeita às questões que lhe estão associadas.

❖ Ajuda a preencher os espaços vazios da empresa de olaria para preparar a trituração dos solos argilosos de olaria.

❖ Custo efetivo e custo de importação de substituição

❖ Adequado para a trituração de solos argilosos em pequena escala

❖ Mais barato quando comparado com outras máquinas de trituração mecânica

❖ Para utilizar em todo o lado sem máquina de energia eléctrica.

CAPÍTULO DOIS
2. REVISÃO DA LITERATURA

2.1. Introdução

A argila é uma das matérias-primas mais abundantes da terra. De facto, a argila forma-se mais rapidamente do que é utilizada. Sendo um material comum à maior parte da superfície terrestre, a cerâmica é um desenvolvimento esporádico, bastante isolado entre si. As matérias-primas podem ser trituradas de diversas formas. Os oleiros de Songhai moem o grogue com mós superiores e inferiores. Tanto os cacos como os utensílios são "reciclados" de um sítio arqueológico próximo (Street, 1815).

No que se refere à seleção das fontes de argila, os artesãos têm uma visão bastante restrita das receitas adequadas para a preparação da argila, sendo a sua definição de adequação baseada, mais uma vez, em concepções técnicas e não técnicas. O leque de concepções locais é tal que, na realidade, é utilizada uma enorme variedade de receitas, a maior parte das quais parecem igualmente adequadas de um ponto de vista técnico e funcional (Gosselain, 1998).

Os oleiros trituram o barro num almofariz de madeira e separam a fração fina e a fração grossa, agitando o material numa cabaça. Em seguida, a fração grosseira é triturada uma segunda vez e deixada de molho num frasco ao sol. Quando o líquido está suficientemente viscoso, é peneirado através de uma lata furada e adicionado à fração fina da matéria-prima. Os oleiros explicam que esta mistura actua como "cimento" e que as melhores papas de milho são obtidas de forma semelhante (Gosselain, 1995).

Em termos gerais, o tratamento das argilas cruas consiste em "temperá-las" e amassá-las. Os materiais seleccionados para a têmpera no Faro são uma matéria-prima seca e moída (a que chamarei técnica do "barro simples", uma vez que a têmpera é a mesma que a argila crua), outra argila (ou "mistura de argilas"), areia, (pedra britada, grogue, cinzas (Smith, 2000). Os oleiros respondem invariavelmente que o barro é uma necessidade. O barro não temperado não resistiria à secagem e à cozedura. Pressionados ainda mais, admitem muitas vezes que, de facto, a têmpera é, antes de mais, a melhor forma de ajustar a plasticidade da argila embebida (Bronitsky, G., 1986)

No que respeita à areia, depois de seca, os oleiros trituravam-na com pedra, madeira ou outra ferramenta e, por fim, moíam-na. Os processos de bater e moer são designados localmente por trituração, respetivamente. Os ceramistas que utilizavam o pau de madeira como têmpera batiam-no juntamente com a areia nesta fase. Por vezes, se a areia for difícil de bater, borrifa-se um pouco de água sobre ela (Gosselian, D., 1991).

Depois de a argila estar devidamente seca ou embebida, pode ser utilizada uma série de técnicas para remover os materiais não plásticos indesejáveis. A forma mais comum é, de longe, a triagem manual. De facto, os oleiros removem sempre as impurezas grosseiras, como seixos, raízes ou folhas, em algum momento do processo. Outras formas de manter as características do material sob controlo são a trituração, o esmagamento ou a moagem das matérias-primas. As ferramentas e os movimentos envolvidos nestes processos são muito variáveis. Por exemplo, os oleiros podem bater o barro com uma pedra ou com um martelo de madeira sobre uma pedra, podem simplesmente bater o barro num almofariz de madeira, moê-lo com pedras de amolar e pedras de amolar superiores ou moê-lo sobre uma pedra (Gallay e Sauvain-Dugerdil, 1981).

Por último, os materiais não plásticos podem ser eliminados por peneiração com cestos, cabaças perfuradas ou redes de nylon importadas. Os oleiros podem igualmente eliminar a fração mais grosseira de matérias não plásticas agitando a matéria-prima triturada numa cabaça ou peneirando-a com um cesto de peneirar. Há também casos de oleiros que diluem uma parte da matéria-prima em água para produzir uma solução espessa que adicionam à pasta de cerâmica (David, 1983).

2.2. Conceito

Atualmente, muitas tecnologias têm sido utilizadas nos restaurantes, mas ainda não atingiram um nível satisfatório. Aumentar a qualidade de vida e melhorar o design existente, inovando-o para outro nível, tem sido o objetivo genérico de todos e cada um deles.

Os solos argilosos são habitualmente esmagados ou temperados com recurso a trituradores manuais de vara. Mas a utilização destas técnicas faz perder muito tempo, além de queimar energia, e as crianças e os adultos esmagam o solo argiloso sem a sua capacidade através de pancadas de pau. A maioria das pessoas prefere:

- Menos energia utilizada

- Menos tempo

- O estado das argilas trituradas

2.3. Conceitos existentes

A trituração manual do solo argiloso é efectuada principalmente de diferentes formas: - A trituração com duas pedras ainda é utilizada em muitos sítios para preparar a argila para a mistura. A trituração com duas pedras ainda é utilizada em muitos sítios para preparar a argila para a mistura, mas não é uma forma muito boa de o fazer e a trituração é feita com pilões de madeira.

2.3.1 Universal triturador de solos argilosos

A presente invenção refere-se a um triturador universal de solos argilosos para triturar solos argilosos. Os trituradores convencionais têm uma utilização limitada e só podem triturar, por exemplo, solos argilosos, não podendo ser utilizados para outros tipos de trituração sem danificar as árvores do pilão. Os trituradores convencionais consistem principalmente num pilão de madeira com um comprimento mínimo de um metro a um metro e meio (1,5 m).

A figura 1 mostra a imagem da trituração com duas pedras.

Figura 2 Trituração com bastão de mão

CAPÍTULO TRÊS
3. METODOLOGIA

3.1. Método de recolha de dados

Os métodos utilizados no projeto incluem dados primários e secundários. Os dados primários foram recolhidos através da observação, de métodos de recolha de dados não estruturados e de visitas, e os dados secundários foram recolhidos a partir de uma cadeia de valor de fabrico preparada. Os dados analisados utilizaram métodos de investigação analíticos e métodos de investigação descritivos. Para além disso, a análise foi utilizada para determinar o tipo adequado de triturador manual de solo argiloso e para desenvolver um protótipo para as empresas locais de cerâmica. No processo de investigação descritiva, foi utilizado para descrever as ferramentas, os materiais e todos os outros elementos que compõem o projeto.

3.1.1. Procedimento geral para a conceção manual do triturador de solos argilosos e desenvolvimento de protótipos

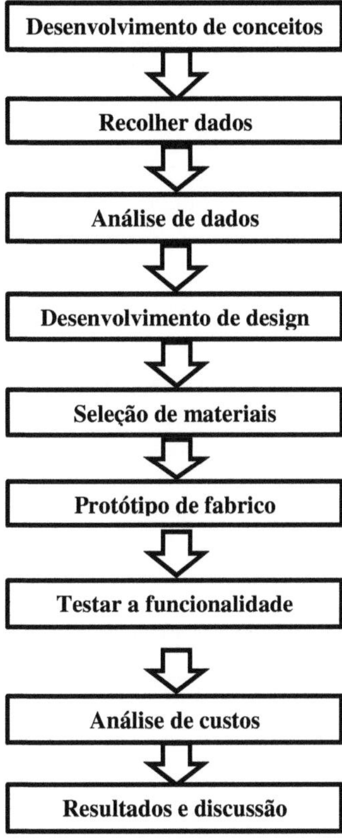

Figura 3: Processo geral

3.1.2. Desenvolvimento de conceitos

O conceito de máquina de trituração manual de solo argiloso é desenvolvido com base no problema encontrado na empresa de cerâmica. Os desafios têm de ser enfrentados pela empresa que esmaga o solo argiloso utilizando materiais e ferramentas incorrectos na área de trabalho. Devido à conceção e desenvolvimento deste triturador manual de solo argiloso

3.1.3. Método de recolha de dados

Os dados primários foram recolhidos diretamente a partir da observação do local de trabalho da empresa de cerâmica que se encontra na cidade de Leku, na empresa Gonziye. Com base na observação, existe um triturador manual de solo argiloso e não existem trituradores eléctricos. Estes trituradores manuais de solo argiloso existentes são pouco eficientes. E os dados secundários foram recolhidos a partir da cadeia de valor de fabrico preparada, que apresenta as lacunas da empresa no sector da olaria.

3.2. Análise de viabilidade

Os benefícios desta tecnologia são óptimos para qualquer pessoa que a utilize. Porque é possível criar esta tecnologia e qualquer pessoa pode utilizá-la facilmente.

> ➢ Requer um baixo custo inicial,

> ➢ Não requer muita mão de obra,

> ➢ Não exige um determinado nível de formação académica,

> ➢ Não discrimina com base no género, idade ou localização,

> ➢ Pode ser facilmente utilizado em qualquer lugar.

3.2.1. Aspeto técnico

Viabilidade técnica esta tecnologia aumentará a produtividade para o utilizador se for concebida de acordo com a conceção desejada ou planeada mais produtiva/eficiência de serviço do que a anterior ou anterior.

Para esta tecnologia, as pessoas têm de assumir a responsabilidade pela sua eficácia e sustentabilidade através de um especialista em novas tecnologias, com a ajuda de uma pessoa qualificada que possa esmagar ou com a ajuda de um especialista em trabalhos diários de oleiros.

3.2.2. Aspeto económico

> ➢ Quando olhamos para o aspeto económico

> ➢ É fácil para qualquer pessoa trabalhar e utilizar o que caiu no ambiente.

> ➢ Reduzir facilmente a energia do triturador de argila.

> ➢ Além disso, o nosso ambiente pode ser facilmente limpo.

3.2.3. Aspeto social

De um ponto de vista social, o oleiro é fácil de utilizar por toda a gente. Não limita o género, a idade, o local ou as condições de vida.

3.2.4. Aspeto ambiental

Esta tecnologia baseia-se na importância e nos impactos da trituradora de solos argilosos. Para que a nossa terra triturada esteja limpa e sem defeitos.

3.2.5. Método de análise de dados

A análise foi utilizada para analisar o tipo adequado de triturador de fabrico manual e para desenvolver um protótipo de design para empresas de cerâmica locais. O processo de investigação descritiva foi utilizado para descrever as ferramentas, os materiais e todos os outros elementos que compõem o projeto. Com base na literatura relacionada revista, foram analisadas as seguintes medidas para a conceção do triturador manual de solo argiloso.

3.2.6. Métodos descritivos

Os materiais e ferramentas utilizados para conceber e desenvolver o expositor de quatro formas de fabrico são

- **Chapas metálicas e aços redondos**: utilizados para desenvolver os corpos principais do triturador.

- **Software Solid Work** para desenvolver os pormenores de conceção e o desenho de montagem do acessório.

- **Pincel** para pintar o acessório, tanto para pintar o anti-sossego como para pintar o metal. Tem 2 polegadas.

- **Máquina de corte, soldadura e retificação:** - utilizada para cortar, alisar e unir as peças de forma permanente.

3.3. Metodologia de conceção

3.3.1. Teoria da falha

As teorias da rotura são as teorias que nos ajudam a determinar as dimensões seguras de um componente de triturador manual de solos argilosos quando este é sujeito a tensões combinadas devidas a várias cargas que actuam sobre ele durante a sua funcionalidade. Alguns exemplos desses componentes s^{a}o os seguintes:

- juntas soldadas utilizadas sob carga excêntrica

- Juntas aparafusadas e soldadas utilizadas sob carga excêntrica

- Utilizando ferramentas não concebidas para o efeito

As teorias de rotura são utilizadas no projeto de um componente de triturador de solo manualmente argiloso devido à indisponibilidade de tensões de rotura sob condições de carga combinadas.

3.3.2. Ferramentas de desenvolvimento utilizadas

As ferramentas e o equipamento necessários para desenvolver o expositor de fabrico são os seguintes

- ❖ *Máquina utilizada*

  - ➢ Máquina de soldar

  - ➢ Máquina de corte e

  - ➢ Máquina de moagem

- ❖ *Ferramentas e equipamentos*

  - ➢ Regra da fita,

  - ➢ Tenta o quadrado,

  - ➢ elétrodo,

  - ➢ banco de suplentes

  - ➢ serra de corte

  - ➢ Pincel de pintura, etc...

- ❖ *Software utilizado*

  - ➢ Software de trabalho sólido e

  - ➢ Software AutoCAD

  - ➢ Microsoft office word

CAPÍTULO QUATRO
4. PROCESSO DE CONCEPÇÃO

4.1. Introdução

O processo de design é uma forma de pensar e conceber para resolver problemas. É um processo que pode ser replicado e utilizado para uma variedade de problemas diferentes, desde produtos de pequena escala a serviços complexos. O processo tem várias fases e passos, e cada um deles pode ser metodizado e efectuado regularmente. Em poucas palavras, é uma combinação de precisão analítica, métodos e ferramentas de síntese, e baseia-se na "construção" de ideias.

O processo de conceção do triturador manual de solos argilosos desenvolvido foi iniciado a partir da análise de conceção para determinar as dimensões normalizadas do triturador.

4.2. Análise da conceção

A análise da conceção desta tecnologia em desenvolvimento centrou-se nos tipos disponíveis, na utilização de materiais (seleção de materiais), na aplicação e nos méritos da trituradora manual de solos argilosos para a empresa de cerâmica local.

4.2.1. Descrição da peça

Todas as partes do triturador de solo argiloso manual são feitas de chapa de aço plana. A seleção dos materiais de desenvolvimento da trituradora de solos manualmente argilosos baseia-se no princípio da seleção de materiais. Ver 4.3 para mais informações.

4.3. Seleção de materiais

A seleção de materiais para o desenvolvimento do projeto teve em conta os seguintes materiais para o fabrico manual de trituradores de solos argilosos. Porque

- A força de carga aplicada durante o esmagamento de solos argilosos e outros materiais relacionados.

- Para reduzir o peso do triturador manual de solos argilosos

- Tamanho e forma do triturador de solo argiloso manual.

Quadro 1 Seleção de materiais

Nº	Nome dos materiais	Unidade	Observação
1	Placa de aço de 200mmx400mmx10 mm de espessura	M^2	
3	Tubo de aço galvanizado 2"	m	

4.3.1. Síntese de todas as considerações de conceção

A maioria dos projectos de engenharia envolve uma multiplicidade de considerações e é um desafio para o engenheiro reconhecer a parte apropriada completa. Os seguintes pontos são considerações;-

A) O corpo do componente inclui

- ✓ Força
- ✓ Peso
- ✓ Tamanho e forma

B) A superfície dos componentes é

- ✓ Desgaste
- ✓ Corrosão
- ✓ Força de fricção

C) Considerações tradicionais;

Materiais

- ✓ Geometria
- ✓ Contrapartida operacional
- ✓ Custo
- ✓ Disponibilidade
- ✓ Produtividade
- ✓ Vida útil dos componentes

D) Considerações modernas

- ✓ Segurança
- ✓ Ecologia
- ✓ Qualidade de vida

E) Considerações diversas

- ✓ Fiabilidade
- ✓ Ergonomia
- ✓ Estética

4.3.2. Lista de materiais

Os materiais utilizados para desenvolver manualmente o triturador de solo argiloso estão listados abaixo na tabela 1.

Quadro 2 Lista de materiais e custos do projeto

№.	Descrição do artigo	Especificações técnicas	Unidade	Quantidade	Preço unitário	Preço total
1.	Chapa de aço	20x20x0,02cm	M^2	0.04	9000	180
2.	Tubo de aço galvanizado	2"/polegada	M	1.3	3000	650
3.	Elétrodo	Pacote	-	0.25	60	15
4.	Anti-ferrugem	Galão	-	0.25	80	20
	CUSTO TOTAL					707.5

4.4. Processo de fabrico

O fabrico geral/desenvolvimento de triturador de solo argiloso manual são

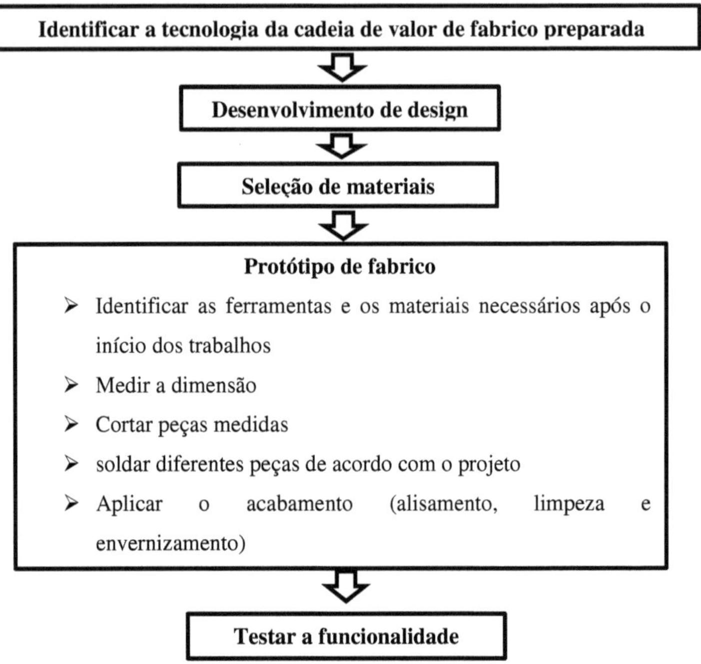

Figura 4. Processo de fabrico de triturador manual de solos argilosos

4.4.1. Identificar a tecnologia da cadeia de valor do fabrico preparado

O desenvolvimento da cadeia de valor é um dos critérios para apoiar as micro e pequenas empresas através da identificação das suas lacunas. Por conseguinte, a tecnologia é identificada a partir da cadeia de valor de fabrico preparada para colmatar a lacuna da trituração manual de solos argilosos.

4.4.2. Desenvolvimento do projeto

Após a identificação da tecnologia que preenche as lacunas da empresa, é preparada a conceção do projeto/tecnologia selecionada. Assim, o projeto do triturador de solo argiloso foi desenvolvido utilizando o software Solid Work. Cada dimensão é atribuída em centímetros.

4.4.3. Protótipo de fabrico

1. Identificar as ferramentas e os materiais necessários após o início dos trabalhos

2. Cortar as partes medidas do triturador de solo argiloso.

3. Preparar os componentes de acordo com as especificações do trabalho.

4. Cortar e soldar diferentes peças de acordo com o projeto

5. Aplicar o acabamento (alisamento e limpeza)

6. Finalmente, a funcionalidade do triturador desenvolvido foi verificada através da produção de amostras de trituração de solos argilosos.

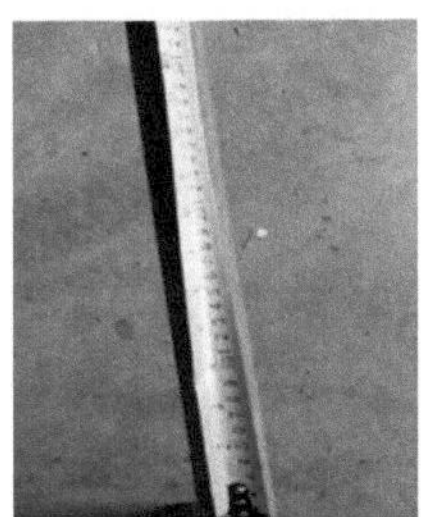
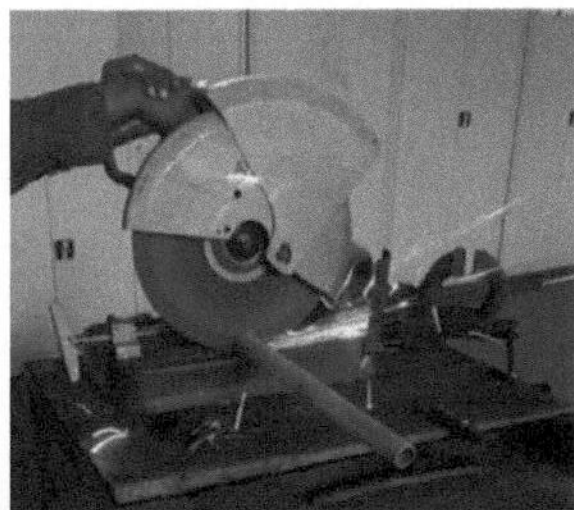

Figura 5 Protótipo de fabrico

4.4.4. Ferramentas / equipamentos

Quadro 3 Ferramentas e equipamentos

№	Item	Quantidade	Preço unitário	Preço total
1	Contador	1	25 birr	25 birr
2	Martelo de forja	1	100 birr	100 birr
3	Experimente o quadrado	2	50 birr	100 birr
4	Cisalhamento de bancada	1	500 birr	500 birr
5	Moinho portátil	1	3000 birr	3000 birr
6	Divisor	1	60 birr	60 birr
7	Régua de aço	2	50 birr	100 birr
8	Alicates combinados	1	50 birr	50 birr
9	Máquina de soldar	1	6000 birr	6000 birr
10	Serra de corte eléctrica	1	13000 birr	13000 birr
Custo total				**47.540 birr**

4.5. Desenho de peças e desenho 3D

❖ Manipulador de suporte horizontal RH Tubos de aço de Ø4cm e 30 cm de comprimento utilizados para ligar suportes verticais de uma placa

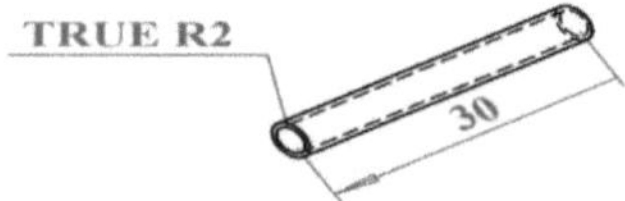

Figura 6 Manipulador de suportes horizontais

❖ Suporte vertical para triturador RH Tubos de aço de Ø4cm e 100 cm de comprimento utilizados para ligar suportes verticais de uma placa e pegas horizontais.

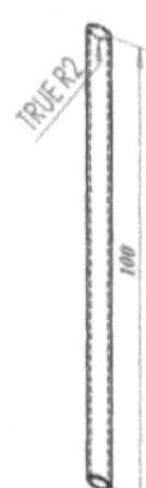

Figura 7 Suporte da trituradora vertical

❖ Base de trituração horizontal Tubos de aço 20cm*20cm*0,2cm utilizados para ligar os suportes verticais de uma placa.

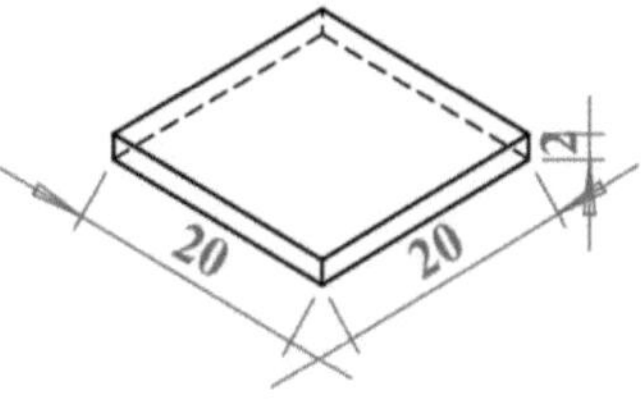

Figura 8 Base da trituradora horizontal Aço

❖ A placa de base do triturador horizontal e os suportes verticais suportam o aço utilizado para ligar a placa de base dos suportes verticais.

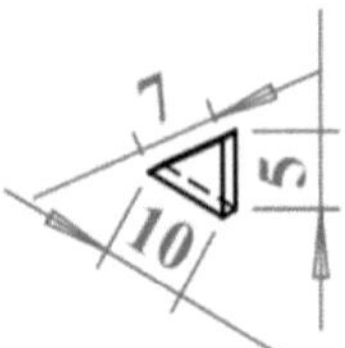

Figura 9 Placa de base do triturador horizontal e suporte vertical

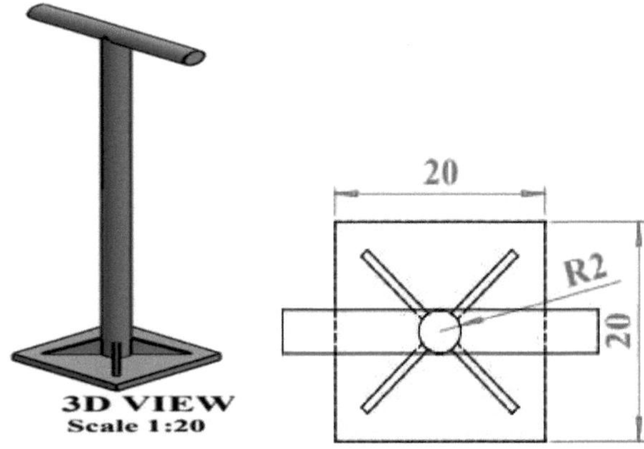

Figura 10. 3D e 2D do triturador de solo argiloso manual

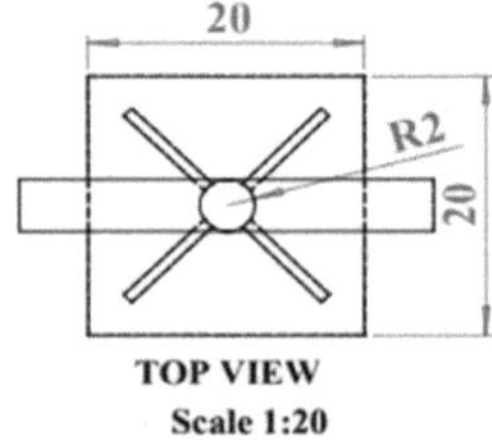

Figura 11. Vista superior do triturador manual de solo argiloso

Figura 12. Vista frontal do triturador manual de solo argiloso

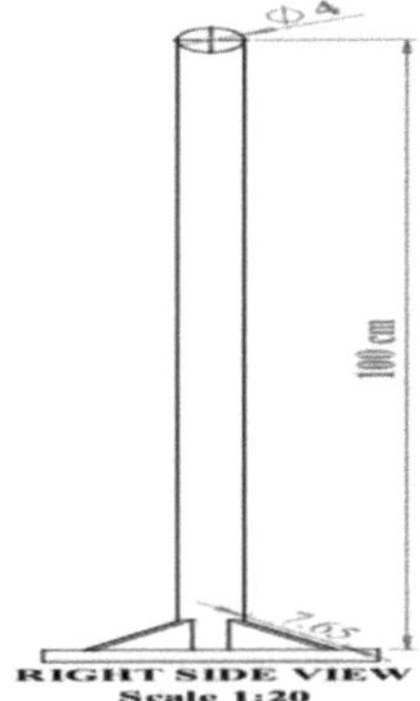

Figura 13. Vista lateral direita do triturador manual de solos argilosos

4.6. Montagem e manutenção

⊕ **Montagem**

Se montar manualmente o triturador de solo argiloso no local, considere os seguintes pontos depois de utilizar ou começar a triturar o solo

- ❖ Depois de utilizar o triturador manual de solos argilosos, se o triturador for móvel, verifique todas as peças montadas

- ❖ Verificar quais as partes que são fáceis de unir.

❖ Fixar o triturador de peças unidas preparado.

❖ Depois de fixar o triturador, tomar o lugar e verificar as funções.

⊕ **Manutenção**

Esta tecnologia é fácil de manter e não requer conhecimentos de manutenção. No entanto, se se partir ou danificar subitamente, o utilizador pode repará-la facilmente utilizando o seguinte procedimento.

> Em primeiro lugar, é necessário observar a olho nu em vez de dizer que já estão danificados.

> Identificar as peças danificadas,

> Que parte está danificada é a placa do triturador, a pega, etc...

> É preciso saber em pormenor o que se pretende.

> No final, é necessário trazer as coisas necessárias e torná-las fáceis de utilizar novamente.

4.7. Manual do utilizador

Quando se utiliza este manual, o triturador de solos argilosos começa por aplicar todos os procedimentos e a conceção indicados a seguir:

⊕ Em primeiro lugar, é necessário e está pronto a ser utilizado verificar as funções, apertar corretamente o cabo à placa e ao triturador

⊕ É necessário dispor de uma superfície nivelada para a trituração.

⊕ Secar os solos triturados

⊕ Afastar e manter as duas pernas e compactar os solos para não assorear

⊕ Finalmente, quando a trituração do solo estiver terminada, devem ser armazenados corretamente.

4.8. Análise de custos dos trabalhos do projeto

Os resultados da análise financeira dos trabalhos deste projeto foram analisados e chegaram aos seguintes resultados.

4.8.1. Custo direto dos materiais

Tabela 1. Custo direto dos materiais

№.	Descrição do artigo	Especificação	Preço unitário	Quantidade	Preço unitário	Preço total
1.	Chapa de aço	20x20x0,02cm	M^2	0.04	9000	180
2.	Tubo de aço galvanizado	2"/polegada	M	1	3000	500
	CUSTO TOTAL					680.00

4.8.2. Custo da mão de obra direta

Tabela 2 Custo da mão de obra direta

№	Posição	Qualificação	Salário Custo unitário por produto
1	Desenhador de CAD automático/trabalho sólido	Tecnologia mecânica	50birrs
2	Operador de corte e montagem	GMFA (soldador)	100birrs
3	Operador de acabamento	Operador de soldadura de metais	50birrs
Custo da mão de obra direta			200birr

4.8.3. Custos gerais de fabrico

__Custo indireto dos materiais__

Tabela 3 Custo indireto do material

№	Item	Especificação	Unidade	quantidade	Unidade de preço	Preço total (birr)
1	Disco de moagem	Padrão	peças	1/8	100birr	13birr
2	disco de corte	Padrão	peças	1/8	100birr	12birr
3	Anti-repouso	Padrão	Galão	1/16	480birr	30birr
	Elétrodo	Pacote	-	1/4	100birr	25birr
	Custo total					**80birr**

__Custos indirectos de mão de obra__

Tabela 4 Custos indirectos do trabalho

№	Posição	Qualificação	Salário Custo unitário por produto
1	Supervisores gerais	Tecnologia mecânica	45 birr
2	Gestor financeiro e comprador	Contabilidade L-4	50 birr
3	Segurança e limpeza	Classe 6	30 birr
	Total dos custos indirectos de mão de obra		**125 birr**

Tabela 5 Despesas gerais da fábrica/outros custos

№	Despesas gerais	Montante por custo de produto
1	Eletricidade	5 birr
2	Manutenção de máquinas	3 birr
3	Amortização do capital fixo	3 birr
Total das despesas gerais de fábrica por custo do produto		**13 birr**

4.8.4 O custo total das obras do projeto

▸ ❖ Finalmente, o custo total de um produto pode ser dado pelo seguinte modelo matemático.

TC = Dc + Oc

❖ **Em que;- T$_C$** = Custo Total, **D$_C$** = Custo Direto e **O** $_C$ = Custos Gerais

i. **Custo direto** = Custo direto dos materiais + Custo direto da mão de obra,

= 680 birr + 200 birr = **880 birr**

ii. **Custos gerais** = mão de obra indireta + material indireto + outros custos (aluguer, seguros)

= 125 birr + 80 birr + 13 birr = **218 birr**

iii. **Custo total dos produtos (custo de produção)** = Custo direto + Custos gerais

= 880 birr + 218 birr = **1.098 birr**

iv. **Lucro** = custo total de produção × 15 %

= **1.098** birr × 15 % = **164,7 birr**

O preço dos nossos produtos por unidade de custo = custo total de produção + lucro + imposto 15%

= **1.098** birr + **164,7** birr + 189,4 birr

= **<u>1.122,7 ETB</u>**

CAPÍTULO CINCO
5. CONCLUSÃO E RECOMENDAÇÃO

5.1. Conclusão

Em suma, todos os objectivos deste projeto foram alcançados. Através deste projeto, ajuda a desenvolver a criatividade na criação de um projeto e a modificar o projeto existente para ser mais eficiente em termos energéticos, trabalhando com um novo método de fabrico. O triturador de solo argiloso também proporcionou um impacto positivo diferente para os utilizadores, poupando tempo e sendo mais eficiente. A eficácia do projeto utilizado durante a trituração de solos argilosos indica que o projeto tem potencial para ser alargado a uma agência externa para aumentar ainda mais a sua utilização. Recomenda-se que a promoção seja efectuada para fins de comercialização. Em suma, o objetivo deste projeto foi alcançado, uma vez que foi concebido e fabricado um triturador de solos argilosos de fácil utilização. O design também provou ser confortável e de fácil utilização. O tempo utilizado para a trituração do solo argiloso também foi minimizado.

5.2. Recomendação

- A empresa de fabrico local pode produzir e distribuir manualmente o triturador de solo argiloso para a empresa de cerâmica local.

- Como formador do sector, recomendou que os projectos fossem adequados para que as empresas de cerâmica utilizassem esta tecnologia e desenvolvessem as competências para a utilização da tecnologia e para o fabrico.

- Como empresas para o rendimento do seu centro de negócios para fabricar e desenvolver novas tecnologias para uma micro e pequena empresa.

- O gabinete de tecnologia deve apoiar os formadores na realização do sistema de tecnologias em termos financeiros, materiais e das máquinas, equipamentos e ferramentas necessários para o sucesso da tecnologia.

- A sensibilização para as novas tecnologias deve ser feita em profundidade para os fabricantes ou utilizadores finais

Os formadores devem conhecer profundamente os métodos de utilização e os sistemas de manutenção das tecnologias transferidas para as empresas. Um compressor de ar retira o ar da atmosfera circundante e, sem surpresa, comprime-o. Para o efeito, utiliza um motor e uma série de peças. Para o efeito, utiliza um motor e uma série de peças. Este ar acumula-se no pneu de armazenamento, onde espera pelas ferramentas que o vão utilizar. Em alguns casos, um compressor de ar fornece ar que funciona diretamente, como soprar um pneu de mota e uma garrafa de plástico de uma estação de trabalho ou encher um pneu. Mas, mais tipicamente, faz funcionar uma bomba manual, o que altera o seu papel para o de uma fonte de energia(M.S.A. Rahim, 2004).

Visualizar um compressor de ar como uma fonte de energia de ar é útil para compreender a sua popularidade em aplicações manuais. Como exemplo, considere um braço automatizado numa fábrica de automóveis que é utilizado para engarrafar plásticos. O braço em si é operado manualmente, mas a bomba de ar na sua extremidade precisa de ajudar a aliviar uma grande quantidade de inchaço da bomba manual num curto período de tempo. Embora possa ser necessário um motor pesado para realizar esta função através de um compressor, o ar comprimido pode fornecer uma enorme potência utilizando muito poucos componentes. Uma mangueira que transporta ar comprimido passa simplesmente através da garrafa de plástico para o pneu do motociclo, onde fornece a potência necessária para acionar a bomba manual para baixo(MD Nor Musa, 2002).

O ar comprimido foi, a certa altura, um candidato para alimentar as nossas infra-estruturas - imagine linhas eléctricas cheias de ar comprimido em vez de cabos de mangueira - mas a ideia não pegou. Independentemente disso, o ar comprimido tem uma utilização inegável em várias aplicações mecânicas. A sua capacidade de transferir energia de forma limpa para diferentes ferramentas tornou-o inestimável para a construção e o trabalho fabril. De facto, muitos argumentam que o ar comprimido é o principal motor da moderna linha de montagem automatizada das fábricas. Continua a ser a forma mais elegante de energia disponível para a realização de operações de alto impacto que exigem recarga rápida. É fundamental estabelecer uma base para a compreensão dos compressores de ar, entendendo primeiro como eles funcionam. Felizmente, a conceção dos compressores de ar é muito simples. Antes de mergulharmos nas aplicações que os empregam, vamos dar uma olhada em como eles operam(Viska Mulyandasari, 2011).

1.2. Antecedentes

O compressor é um sistema manual para comprimir e bombear os pneus do motociclo de uma região de baixa pressão para uma região de alta pressão. O compressor de ar manual é o coração do sistema de compressão. Também fornece a força primária para fazer circular os pneus do motociclo e a garrafa de plástico através do ciclo (Benson. R.S, e User A.C., 2003). Os compressores alternativos são amplamente utilizados na indústria. Podem fornecer gás comprimido a alta pressão. As alterações dos parâmetros de conceção destes compressores conduzem a uma utilização mais eficiente das máquinas. Através da modelização destes compressores, é possível estudar os efeitos de vários parâmetros no seu desempenho e identificar os parâmetros de conceção óptimos. A modelação e a simulação podem também permitir-nos diagnosticar possíveis falhas que degradam o desempenho do compressor (Layla Monajemi2004). Os compressores alternativos têm sido modelados com vários métodos. Estes métodos podem ser geralmente classificados em modelos globais e modelos diferenciais em que a variável depende do ângulo da manivela(M.Y. Tiab e M.S.A. Rahim 2010, 2001).

No Quénia, os motociclos são um dos principais meios de transporte, sendo utilizados compressores de ar manuais para encher os tubos. Devido ao custo do compressor de ar elétrico e à falta de eletricidade ou de ligações alternativas na maior parte das zonas rurais do país, tem sido um problema para muitas garagens ou oficinas possuir compressores de ar eléctricos para o seu trabalho. Os reparadores utilizam pequenos compressores de ar manuais que consomem mais tempo e energia durante o processo de insuflação dos tubos, pelo que é necessário desenvolver uma bomba ideal para pequenos trabalhos(M.-H. Kim e C. W. Bullard, 2001).

1.3. Descrição do problema

O compressor de ar manual utilizado neste trabalho foi trazido pelos trabalhadores do sector do mobiliário. O compressor de ar tem como consequência afetar as empresas dos trabalhadores do mobiliário. O compressor de ar com um sistema mecânico tem um custo elevado e necessita de energia eléctrica, não sendo possível pintar os trabalhadores do sector do mobiliário e o carpinteiro pintar os trabalhadores de acabamento do mobiliário à mão sem um acabamento de qualidade por sistemas de pintura manual. Assim, a substituição dos sistemas de pintura m a n u a l dos trabalhadores do sector do mobiliário por sistemas de pintura com compressor de ar manual proporciona benefícios potenciais e económicos aos trabalhadores do sector do mobiliário.

1.4. Objetivo

1.4.1. Objetivo geral

O objetivo geral do projeto é conceber, fabricar e preparar manualmente um compressor de ar para o trabalho do mobiliário.

1.4.2. Objetivo específico

Os objectivos **específicos** do estudo são os seguintes

- Conceber e desenvolver um compressor de ar com facilidade de utilização

- Melhorar os sistemas de qualidade de pintura dos trabalhos de acabamento de mobiliário e minimizar a dissipação de tinta durante os sistemas de pintura manual com pincel

- Implementar uma tecnologia de compressor de ar manual

1.5. Âmbito do estudo

Este projeto centrou-se na preparação da conceção da tecnologia identificada, no desenvolvimento de protótipos e na transferência da tecnologia desenvolvida para colmatar as lacunas tecnológicas das empresas e na avaliação da riqueza tecnológica criada para o fabrico de mobiliário de acabamento nas empresas de mobiliário da cidade de Hawassa.

1.6. Limitações do estudo

⇔ Falta de recursos (tempo, insumos....),

⇔ Falta de dados necessários,

⇔ Falta de ligação suficiente à Internet.

⇔ Falta de peritos e intelectuais adequados na profissão.

1.7. Importância do estudo

Este estudo poderá trazer vantagens potenciais para as seguintes partes interessadas no que respeita às questões que lhe estão associadas.

- ❖ Ajuda a preencher as lacunas da empresa de mobiliário nas zonas rurais para se preparar para o compressor de ar manual.

- ❖ Custo efetivo e custo de importação de substituição

- ❖ Adequado para pintura de alta qualidade para terminar um trabalho de mobiliário por compressor de ar

- ❖ O mais barato quando comparado com outras máquinas de compressão de ar mecânicas

- ❖ Para utilizar em todo o lado sem máquina de energia eléctrica.

CAPÍTULO DOIS
2. REVISÃO DA LITERATURA

2.1. Introdução

O ar comprimido é o ar mantido sob uma pressão superior à pressão atmosférica. Serve para muitos fins comerciais. Os países em desenvolvimento, como a Índia e a China, enfrentam uma grave crise de combustível. Chegou a altura de utilizar fontes não convencionais. Estes factores estão a levar os fabricantes de bicicletas a desenvolver bicicletas como combustíveis de energias alternativas. O custo não é o único problema da utilização de combustível, mas também é prejudicial para o ambiente. O combustível acaba por se esgotar. Uma alternativa possível são os veículos movidos a ar comprimido. É difícil de acreditar que o ar comprimido possa ser utilizado para conduzir veículos. No entanto, isso é verdade e os "veículos aéreos", como são popularmente conhecidos, chamaram a atenção da investigação em todo o mundo. O seu nível de emissões é nulo e é ideal para as condições de condução na cidade. (Haisheng Chen et al 2011).

O ar comprimido é favorável devido à sua elevada densidade energética, baixa toxicidade, enchimento rápido a baixo custo e longa vida útil. Em vez de misturar combustível com ar e queimá-lo no motor para acionar os pistões com gases quentes em expansão, os veículos a ar comprimido utilizam a expansão do ar comprimido para acionar os pistões. (Amir Fazeli et al. 2011).

Trata-se de um motor que utiliza ar comprimido para o seu funcionamento. É barato porque utiliza o ar como combustível, que está disponível em abundância na atmosfera. A utilização deste motor tem várias vantagens técnicas, como o facto de não haver combustão no interior do cilindro e de a temperatura de funcionamento do motor ser muito próxima da temperatura ambiente. Este facto ajuda a reduzir o desgaste dos componentes do motor. Também não há possibilidade de bater. Isto, por sua vez, resulta num funcionamento suave do motor. Uma outra vantagem técnica é que não é necessário instalar um sistema de arrefecimento ou sistemas complexos de injeção de combustível(Thipse S S. 208).

Isto torna a conceção mais simples. Aqui, o ar é comprimido através de um compressor que, por sua vez, utiliza eletricidade para funcionar, o que é mais barato e amplamente utilizado. Há ainda um outro aspeto interessante que é o facto de exigir menos manutenção. Outro aspeto interessante é o facto de a temperatura de escape deste motor ser ligeiramente inferior à temperatura atmosférica. Assim, este motor ajudará a arrefecer o ambiente e, se esta tecnologia for amplamente utilizada, ajudará a controlar o aquecimento global(R.K. Rajput 2015).

Estes são alguns dos "bytes verdes" associados a esta tecnologia. Os gases de escape que saem do motor serão apenas ar com baixa temperatura. Assim, isto eliminará o problema das emissões nocivas dos motores convencionais. Isto dá-nos um benefício ambiental da utilização deste motor. Além disso, como não são produzidas radiações térmicas, os radares não conseguem detetar estes veículos. Portanto, isto também ajudará o nosso exército. Além disso, os componentes utilizados são: motor de ignição comandada convencional, reservatório de ar para armazenar o ar comprimido e circuito de temporização, que são económicos. Estes componentes económicos e facilmente disponíveis tornam a tecnologia facilmente adaptável(D. P. Kothari ,et al. 2015).

A indústria de compressores emergiu da década de 1980 com o tamanho certo, racionalizada e informatizada. As tendências de gerenciamento incluem uma ampliação da responsabilidade de todos os departamentos. Para satisfazer essas novas responsabilidades, o pessoal de manutenção, operações e engenharia precisa de uma revisão contínua dos tipos, classificações e aplicações de compressores. As empresas estão descobrindo o vazio de talentos que o dimensionamento correto criou e a maioria das organizações mantém um grupo central de profissionais experientes que são utilizados como um recurso de referência. A introdução de base às turbo-máquinas procura apresentar conceitos elementares de compressores a todas as partes interessadas. Este grupo também precisará, certamente, de um conhecimento prático de aerodinâmica, desenho (e reparação) de pás, teoria de rolamentos magnéticos e conceitos termodinâmicos avançados. O programa introdutório do tipo de compressor não aborda esses tópicos mais avançados. Os tipos de compressores começam no início da relação entre o utilizador e o fabricante com as aplicações (Balje,et al.1981).

Os sistemas de ar comprimido funcionam frequentemente de forma ineficiente, utilizando uma quantidade de energia desnecessária e dispendiosa. Qualquer empresa que pretenda tornar as operações mais sustentáveis deve tomar medidas para compreender totalmente o sistema de ar comprimido, calcular o seu verdadeiro custo e implementar estratégias para tornar o sistema mais eficiente em termos energéticos. A otimização do funcionamento de um sistema de ar comprimido e a redução do consumo de energia irão, por sua vez, ajudar indiretamente a reduzir as emissões de gases com efeito de estufa e qualquer impacto ambiental adverso associado ao excesso de emissões(Bonneville 2004).

Algumas melhorias podem ser relativamente simples e pouco dispendiosas de implementar, enquanto outras podem ser mais complexas e exigir a assistência de profissionais experientes. O material contido nestas directrizes destina-se a ser utilizado por pessoas com um nível básico de formação/competência técnica e familiaridade com conceitos e estratégias de redução na fonte (Minnesota, 2011).

2.2. Conceito

Atualmente, muitas tecnologias têm sido utilizadas no mobiliário, mas ainda não atingiram um nível satisfatório. Aumentar a qualidade de vida e melhorar o design existente, inovando-o para outro nível, tem sido o objetivo genérico de todos e cada um deles.

Os compressores de ar são normalmente utilizados em trabalhos de mobiliário pintados ou acabados com uma escova manual. Mas a utilização destas técnicas faz perder muito tempo, bem como tintas e trabalhos de acabamento de baixa qualidade, sem a sua capacidade de pincelar à mão. As pessoas preferem maioritariamente:

- Menos energia utilizada

- Trabalhos de acabamento de qualidade

- O estado do mobiliário de pintura

2.3. Conceitos existentes

O compressor de ar manual é efectuado principalmente de diferentes formas: - a pintura com pincel manual ainda é utilizada em muitos sítios para terminar o trabalho de mobiliário nas zonas rurais. Não é uma forma muito boa de o fazer e de pintar com pincel manual.

Figura 1 mostra a imagem de um móvel pintado com pincel manual.

CAPÍTULO TRÊS

3. METODOLOGIA

3.1. Método de recolha de dados

Os métodos utilizados no projeto incluem dados primários e secundários. Os dados primários foram recolhidos através da observação, de métodos de recolha de dados não estruturados e de visitas, e os dados secundários foram recolhidos a partir da cadeia de valor preparada para a **conceção e construção de edifícios (trabalhos de acabamento) 2014/2022.** Os dados analisados utilizaram métodos de investigação analíticos e métodos de investigação descritivos. Para além disso, a análise utilizou o tipo adequado de compressor de ar manual e o desenvolvimento de um protótipo para empresas de mobiliário locais. No processo de investigação descritiva, foi utilizada a descrição das ferramentas, dos materiais e de todos os outros elementos que compõem o projeto.

3.1.1. Procedimento geral para a conceção manual de compressores de ar e desenvolvimento de protótipos

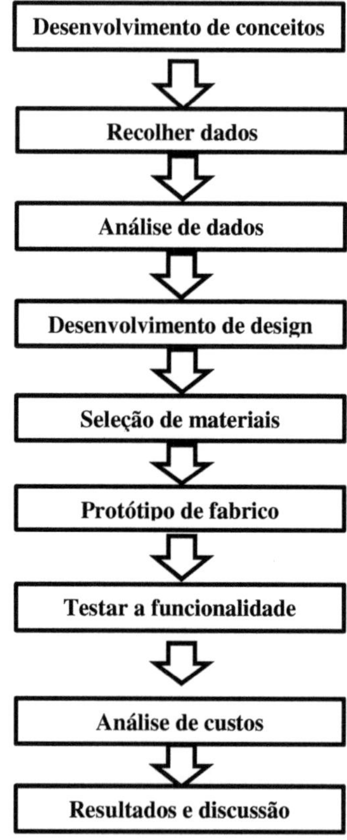

Figura 2Processo geral

3.1.2. Desenvolvimento de conceitos

O conceito de compressor de ar manual é desenvolvido com base no problema encontrado na empresa de mobiliário. Os desafios têm a ver com o facto de a empresa de acabamento de mobiliário utilizar materiais e ferramentas incorrectos na área de trabalho. Devido à conceção e desenvolvimento deste compressor de ar manual.

3.1.3. Método de recolha de dados

Os dados primários foram recolhidos diretamente a partir da observação do local de fabrico/trabalho da empresa de mobiliário que se encontra nos arredores da cidade de Hawassa. Com base na observação, a empresa tem pintura manual e não tem compressor de ar elétrico. Estes compressores de ar manuais existentes são de baixa eficiência. E os dados secundários foram recolhidos a partir da cadeia de valor de fabrico preparada que apresenta as lacunas da empresa no trabalho de acabamento de mobiliário.

3.2. Análise de viabilidade

Os benefícios desta tecnologia são óptimos para qualquer pessoa que a utilize. Porque é possível criar esta tecnologia e qualquer pessoa pode utilizá-la facilmente.

> ➢ Requer um baixo custo inicial,

> ➢ Não requer muita mão de obra,

> ➢ Não exige um determinado nível de formação académica,

> ➢ Não discrimina com base no género, idade ou localização,

> ➢ Pode ser facilmente utilizado em qualquer lugar.

3.2.1. Aspeto técnico

Viabilidade técnica esta tecnologia aumentará a produtividade para o utilizador se for concebida de acordo com a conceção desejada ou planeada mais produtiva/eficiência de serviço do que a anterior ou anterior.

Para esta tecnologia, as pessoas têm de assumir a responsabilidade pela sua eficácia e sustentabilidade, através de um especialista em novas tecnologias, com a ajuda de uma pessoa qualificada que possa fazer o acabamento ou com a ajuda de uma mão de obra diária especializada em trabalhos de acabamento de móveis.

3.2.2. Aspeto económico

> ➤ Quando olhamos para o aspeto económico

> ➤ É fácil para qualquer pessoa trabalhar e utilizar o que caiu no ambiente.

> ➤ Reduzir facilmente a energia de pintura dos móveis.

> ➤ Além disso, o nosso ambiente pode ser facilmente limpo e livre de
> qualquer poluição.

3.2.3. Aspeto social

De um ponto de vista social, o mobiliário é fácil de utilizar por toda a gente. Não limita o género, a idade, a localização ou as condições de vida.

3.2.4. Aspeto ambiental

Esta tecnologia baseia-se na importância e nos impactos do compressor de ar. Para que os nossos móveis acabados estejam limpos e sem defeitos.

3.2.5. Método de análise de dados

A análise foi utilizada para analisar o tipo adequado de compressor de ar de fabrico manual e para desenvolver um protótipo de design para empresas locais de fabrico de mobiliário. O processo de investigação descritiva foi utilizado para descrever as ferramentas, os materiais e todos os outros elementos que compõem o projeto. Com base na literatura relacionada revista, foram analisadas as seguintes medidas para a conceção do compressor de ar manual.

3.2.6. Métodos descritivos

Os materiais e ferramentas utilizados para conceber e desenvolver o expositor de quatro formas de fabrico são

- Pneu de motociclo:

- Bomba manual: -.

- Pneu de motociclo Valvoline: -

- Tubo de mangueira: -

- Plástico para garrafas:-

Este ar acumula-se no pneu de armazenamento onde espera pelas ferramentas que o vão utilizar. Em alguns casos, um compressor de ar fornece ar que funciona diretamente, como soprar um pneu de mota e uma garrafa de plástico de um posto de trabalho ou encher um pneu. Mas, mais tipicamente, faz funcionar uma bomba manual, o que muda o seu papel para o de uma fonte de energia(M.S.A. Rahim, 2004).

Visualizar um compressor de ar como uma fonte de energia de ar é útil para compreender a sua popularidade em aplicações manuais. Como exemplo, considere um braço automatizado numa fábrica de automóveis que é utilizado para engarrafar plásticos. O braço em si é operado manualmente, mas a bomba de ar na sua extremidade precisa de ajudar a aliviar uma grande quantidade de inchaço da bomba manual num curto período de tempo. Embora possa ser necessário um motor pesado para realizar esta função através de um compressor, o ar comprimido pode fornecer uma enorme potência utilizando muito poucos componentes. Uma mangueira que transporta ar comprimido passa simplesmente através da garrafa de plástico para o pneu do motociclo, onde fornece a potência necessária para acionar a bomba manual para baixo(MD Nor Musa, 2002).

O ar comprimido foi, a certa altura, um candidato para alimentar as nossas infra-estruturas - imagine linhas eléctricas cheias de ar comprimido em vez de cabos de mangueira - mas a ideia não pegou. Independentemente disso, o ar comprimido tem uma utilização inegável em várias aplicações mecânicas. A sua capacidade de transferir energia de forma limpa para diferentes ferramentas tornou-o inestimável para a construção e o trabalho fabril. De facto, muitos argumentam que o ar comprimido é o principal motor da moderna linha de montagem automatizada das fábricas. Continua a ser a forma mais elegante de energia disponível para a realização de operações de alto impacto que requerem recarga rápida. É fundamental estabelecer uma base para a compreensão dos compressores de ar, entendendo primeiro como eles funcionam. Felizmente, a conceção dos compressores de ar é muito simples. Antes de mergulharmos nas aplicações que os empregam, vamos dar uma olhada em como eles operam(Viska Mulyandasari, 2011).

1.2. Antecedentes

O compressor é um sistema manual para comprimir e bombear os pneus do motociclo de uma região de baixa pressão para uma região de alta pressão. O compressor de ar manual é o coração do sistema de compressão. Também fornece a força primária para fazer circular os pneus do motociclo e a garrafa de plástico através do ciclo (Benson. R.S, e User A.C., 2003).

Os compressores alternativos são amplamente utilizados na indústria. Podem fornecer gás comprimido a alta pressão. As alterações dos parâmetros de conceção destes compressores conduzem a uma utilização mais eficiente das máquinas. Através da modelização destes compressores, é possível estudar os efeitos de vários parâmetros no seu desempenho e identificar os parâmetros de conceção óptimos. A modelação e a simulação podem também permitir-nos diagnosticar possíveis falhas que degradam o desempenho do compressor (Layla Monajemi2004). Os compressores alternativos têm sido modelados com vários métodos. Estes métodos podem ser geralmente classificados em modelos globais e modelos diferenciais em que a variável depende do ângulo da manivela(M.Y. Tiab e M.S.A. Rahim 2010, 2001).

No Quénia, os motociclos são um dos principais meios de transporte, sendo utilizados compressores de ar manuais para encher os tubos. Devido ao custo do compressor de ar elétrico e à falta de eletricidade ou de ligações alternativas na maior parte das zonas rurais do país, tem sido um problema para muitas garagens ou oficinas possuir compressores de ar eléctricos para o seu trabalho. Os reparadores utilizam pequenos compressores de ar manuais que consomem mais tempo e energia durante o processo de insuflação dos tubos, pelo que é necessário desenvolver uma bomba ideal para pequenos trabalhos(M.-H. Kim e C. W. Bullard, 2001).

1.3. Descrição do problema

O compressor de ar manual utilizado neste trabalho foi trazido pelos trabalhadores do sector do mobiliário. O compressor de ar tem como consequência afetar as empresas dos trabalhadores do sector do mobiliário. O compressor de ar com um sistema mecânico tem um custo elevado e necessita de energia eléctrica, não sendo possível pintar os trabalhadores do sector do mobiliário e o carpinteiro pintar os trabalhadores de acabamento do mobiliário à mão sem um acabamento de qualidade por sistemas de pintura manual. Assim, a substituição dos sistemas de pintura m a n u a l dos trabalhadores do sector do mobiliário por sistemas de pintura com compressor de ar manual proporciona benefícios potenciais e económicos aos trabalhadores do sector do mobiliário.

1.4. Objetivo

1.4.1. Objetivo geral

O objetivo geral do projeto é conceber, fabricar e preparar manualmente um compressor de ar para o trabalho do mobiliário.

1.4.2. Objetivo específico

Os objectivos **específicos** do estudo são os seguintes

- Conceber e desenvolver um compressor de ar com facilidade de utilização

- Melhorar os sistemas de qualidade de pintura dos trabalhos de acabamento de mobiliário e minimizar a dissipação de tinta durante os sistemas de pintura manual com pincel

- Implementar uma tecnologia de compressor de ar manual

1.5. Âmbito do estudo

Este projeto centrou-se na preparação da conceção da tecnologia identificada, no desenvolvimento de protótipos e na transferência da tecnologia desenvolvida para colmatar as lacunas tecnológicas das empresas e na avaliação da riqueza tecnológica criada para o fabrico de mobiliário de acabamento nas empresas de mobiliário da cidade de Hawassa.

1.6. Limitações do estudo

- ⇔ Falta de recursos (tempo, insumos....),

- ⇔ Falta de dados necessários,

- ⇔ Falta de ligação suficiente à Internet.

- ⇔ Falta de peritos e intelectuais adequados na profissão.

1.7. Importância do estudo

Este estudo poderá trazer vantagens potenciais para as seguintes partes interessadas no que respeita às questões que lhe estão associadas.

- ❖ Ajuda a preencher as lacunas da empresa de mobiliário nas zonas rurais para se preparar para o compressor de ar manual.

- ❖ Custo efetivo e custo de importação de substituição

- ❖ Adequado para pintura de alta qualidade para terminar um trabalho de mobiliário por compressor de ar

- ❖ O mais barato quando comparado com outras máquinas de compressão de ar mecânicas

- ❖ Para utilizar em todo o lado sem máquina de energia eléctrica.

REFERÊNCIAS

Bronitsky, G., 1986, The use of material science techniques in the study of pottery construction and use, in Advances in archaeological methods and theory: 9 (ed. M. B. Schiffer), 209-76, Academic Press, Orlando.

David M., 1983, Poterie domestiques et rituelles du Sud-Bénin: étude ethno-archéologique. Archives Suisses d'Anthropologie Générale 47 (2), p. 121- 184

Gallay A. e Sauvain-Dugerdil C. C., 1981, Le sarnyéré Dogon. Archéologie d'unisolat, Mali. ADPF, Paris.

Gosselian, D. (1991). In Pots We Thrust: The Processing of Clay and Symbols in Sub-Saharan Africa. Journal of Material Culture, 4(2): 205-230.

Gosselain, 0. P., 1994, Skimming through the potter's agenda: an ethnoarchaeological study of clay selection strategies in Cameroon, in Society, culture and technology in Africa (ed. S. T. Childs), 99-107, MASCA Res. Pap. Sci. Archaeol., 11, Suplemento, Filadélfia.

Gosselain O. P., 1995, Identités techniques. O trabalho da olaria nos Camarões. Tese de Doutoramento, Universidade Livre de Bruxelas.

Gosselain O. P., 1998, Social and technical identity in a clay crystal ball. in The archaeology of social boundaries, Ed. M. T. Stark. Smithsonian Institution Press, Washington e Londres, p. 78-106.

Gosselain, O. P., & Smith, A. L. (2014). A fonte : Seleção de argila e práticas de processamento na África Subsariana THE SOURCE CLAY SELECTION AND PROCESSING PRACTICES IN SUB-SAHARAN AFRICA. agosto.

Mteti, D. S. H. (2016). Engendering Pottery Production and Distribution Processes entre os Kisi e Pare da Tanzânia. *International Journal of Gender & Women'S Studies*, 4(2), 127-141. https://doi.org/10.15640/ijgws.v4n2a11

Smith, A. L. (2000). *PROCESSAMENTO DE ARGILA PARA CERÂMICA NO NORTE DOS CAMARÕES: REQUISITOS SOCIAIS E TÉCNICOS *. agosto de 1999.*

Street, N. L. (1815). *Compreender o reconhecimento e o processamento de argilas por Miska Petersham Revisores técnicos : Daniel Rhodes Volunteers in Technical Assistance (VITA) Arlington , Virginia 22209 USA Cable VITAINC Telex 440192 VITAUI Este documento faz parte de uma série publicada pela Vo.*

APÊNDICE

3D VIEW
Scale 1:20
20
20
R2
TOP VIEW
Scale 1:20
30
43
FRONT VIEW
Scale 1:20
RIGHT SIDE VIEW
Scale 1:20
20
20
TRUE R2
30
TRUE R2
100

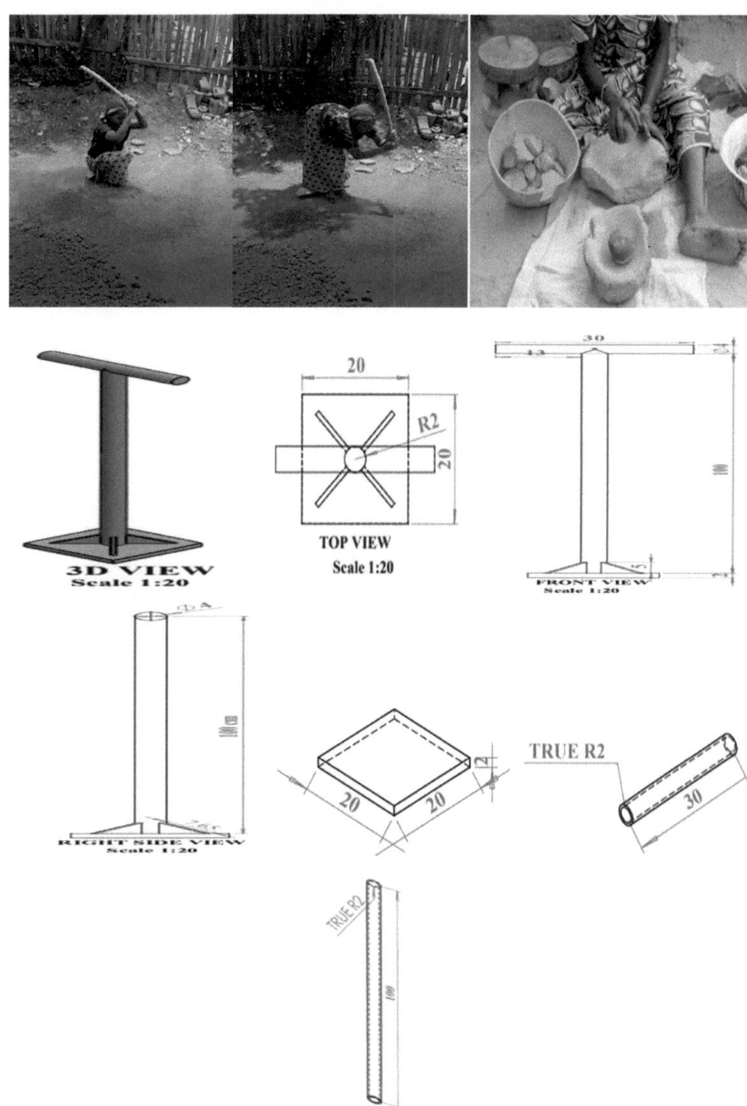

47

Printed by Books on Demand GmbH, Norderstedt / Germany